U0350905

红袋鼠物理千千问

量子世界的基本模块：
量子物理 ③

[加拿大] 克里斯·费里　著／绘　　那彬　译

中国少年儿童新闻出版总社
中国少年儿童出版社

北京

作者简介

    克里斯·费里，加拿大人。80 后，毕业于加拿大名校滑铁卢大学，取得数学物理学博士学位，研究方向为量子物理专业。读书期间，克里斯就在滑铁卢大学纳米技术研究所工作，毕业后先后在美国新墨西哥大学、澳大利亚悉尼大学和悉尼科技大学任教。至今，克里斯已经发表多篇有影响力的权威学术论文，多次代表所在学校参加国际学术会议并发表演讲，是当前越来越受人关注的量子物理学领域冉冉升起的学术新星。

    同时，克里斯还是 4 个孩子的父亲，也是一名非常成功的少儿科普作家。2015 年 12 月，一张 Facebook（脸书）上的照片将克里斯·费里推向全球公众的视野。照片上，Facebook（脸书）创始人扎克伯格和妻子一起给刚出生没多久的女儿阅读克里斯·费里的一本物理绘本。这张照片共收获了全球上百万的赞，几万条留言和几万次的分享。这让克里斯·费里的书以及他自己都受到了前所未有的关注。

    扎克伯格给女儿阅读的物理书，只是作者克里斯·费里的试水之作。2018 年，克里斯·费里开始专门为中国小朋友做物理科普。他与中国少年儿童新闻出版总社全面合作，为中国小朋友创作一套学习物理知识的绘本"红袋鼠物理千千问"系列。同时，他还亲自录制配套讲解视频，帮助宝宝理解，方便亲子共读。

红袋鼠说："一半给你，一半给我。我把面包分成两份，这样我们就能共享了。克里斯博士，我能不能把面包一直分一直分，直到分成很小的碎屑，让所有人都能分到一点儿呢？"

克里斯博士说："谢谢你跟我分享！很高兴我的这块还挺大！但是要回答你的问题，我们必须要讲到**量子物理**。"

红袋鼠说："量子物理？
那是关于原子的！"

克里斯博士说："对，**原子物理**只是量子物理的一部分，量子物理的范围要大得多！量子物理可以告诉我们所有的**能量**和**物质**都是怎样表现的。"

7

克里斯博士接着说："看看你周围。所有的东西看起来都非常坚固、稳定。但其实里面大部分都是空的！"

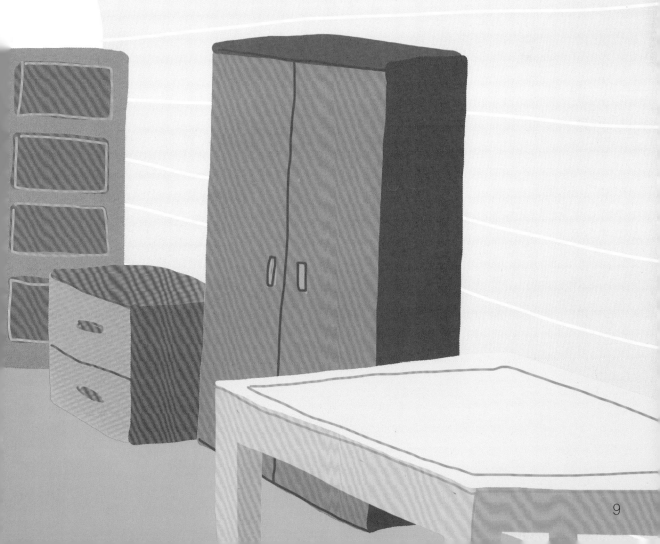

红袋鼠惊讶地问："空的？怎么会这样？"

克里斯博士说："虽然大部分是空的，但里面还是有很多原子。"

克里斯博士接着说："原子非常非常小，每个原子之间的空间非常大。"

"面包是由许多原子构成的。但我们不能一直分下去。你明白为什么吗？"

红袋鼠说："我明白！很快面包就会被分得只剩一个原子了。而我们没办法把原子分成两半。"

克里斯博士说："原子是组成你周围所有东西的**基本模块**了。你知道吗？用这些基本模块还可以产生光呢！"

红袋鼠说："所以只要有原子在，我就没法让房间变暗……变暗……变暗喽？"

克里斯博士说："对。光是由被称为**光子**的**量子模块**组成的！"

红袋鼠说："我记得光子。就是电子吃的东西！"

克里斯博士说："所以如果我们让房间里的原子越来越少，房间逐渐变暗再变暗，很快我们就只有……"

红袋鼠说："一个光子！"

克里斯博士说："说得好！现在你知道量子物理学中的'量子'是什么了吧？它是组成光和物质的最小量——也就是组成整个世界的最基本模块！"

红袋鼠说："克里斯博士，这个世界和我们的眼睛看到的那么不一样呀，真神奇！现在我眼中的世界跟以前完全不同了。"

版权合作方：　澳大利亚米酷传媒

图书在版编目（CIP）数据

量子物理. 3，量子世界的基本模块 ／（加）克里斯·费里著绘；那彬译. -- 北京：中国少年儿童出版社，2018.6

（红袋鼠物理千千问）

ISBN 978-7-5148-4691-1

Ⅰ．①量… Ⅱ．①克… ②那… Ⅲ．①量子论－儿童读物 Ⅳ．①O413-49

中国版本图书馆CIP数据核字(2018)第088453号

HONGDAISHU　WULI QIANQIANWEN
LIANGZI SHIJIE DE JIBEN MOKUAI LIANGZI WULI 3

出 版 发 行　中国少年儿童新闻出版总社
　　　　　　　中国少年儿童出版社

出　版　人：李学谦
执行出版人：张晓楠

策　　　划：张　楠	审　　读：林　栋　聂　冰
责任编辑：薛晓哲　徐懿如	封面设计：马　欣
美术编辑：姜　楠	美术助理：杨　璇
责任印务：任钦丽	责任校对：颜　轩

社　　　址：北京市朝阳区建国门外大街丙12号	邮政编码：100022
总　编　室：010-57526071	传　　真：010-57526075
发　行　部：010-59344289	
网　　　址：www.ccppg.cn	电子邮箱：zbs@ccppg.com.cn

印　　　刷：北京尚唐印刷包装有限公司

开本：787mm×1092mm　1/20	印张：2
2018年6月北京第1版	2018年6月北京第1次印刷
字数：25千字	印数：10000册
ISBN 978-7-5148-4691-1	定价：25.00元

图书若有印装问题，请随时向本社印务部（010-57526183）退换。